Hormigas

Grace Hansen

capstone®

www.capstoneclassroom.com

ABDO
INSECTOS
Kids

Hormigas © 2015 by Abdo Consulting Group, Inc. All Rights Reserved. This version distributed and published by Capstone Classroom © 2016 with the permission of ABDO.

Spanish Translators: Maria Reyes-Wrede, Maria Puchol

Photo Credits: Shutterstock, Thinkstock

Production Contributors: Teddy Borth, Jennie Forsberg, Grace Hansen

Design Contributors: Dorothy Toth, Renée LaViolette, Laura Rask

Library of Congress Cataloging-in-Publication Data

Cataloging-in-publication information is on file with the Library of Congress.

ISBN 978-1-4966-0475-0 (paperback)

Printed in the United States of America in North Mankato, Minnesota.

012015   008756

Contenido

Hormigas

Las hormigas son insectos. Las mariposas, las abejas y los mosquitos son insectos también.

4

Hay hormigas en casi todos los lugares de la Tierra. La mayoría de las hormigas viven en **nidos** bajo tierra.

6

Las hormigas pueden ser

negras, rojas y de color café.

Las hormigas pueden ser

amarillas y verdes también.

El cuerpo de las hormigas tiene tres partes principales. La cabeza, el **tórax** y el **abdomen**.

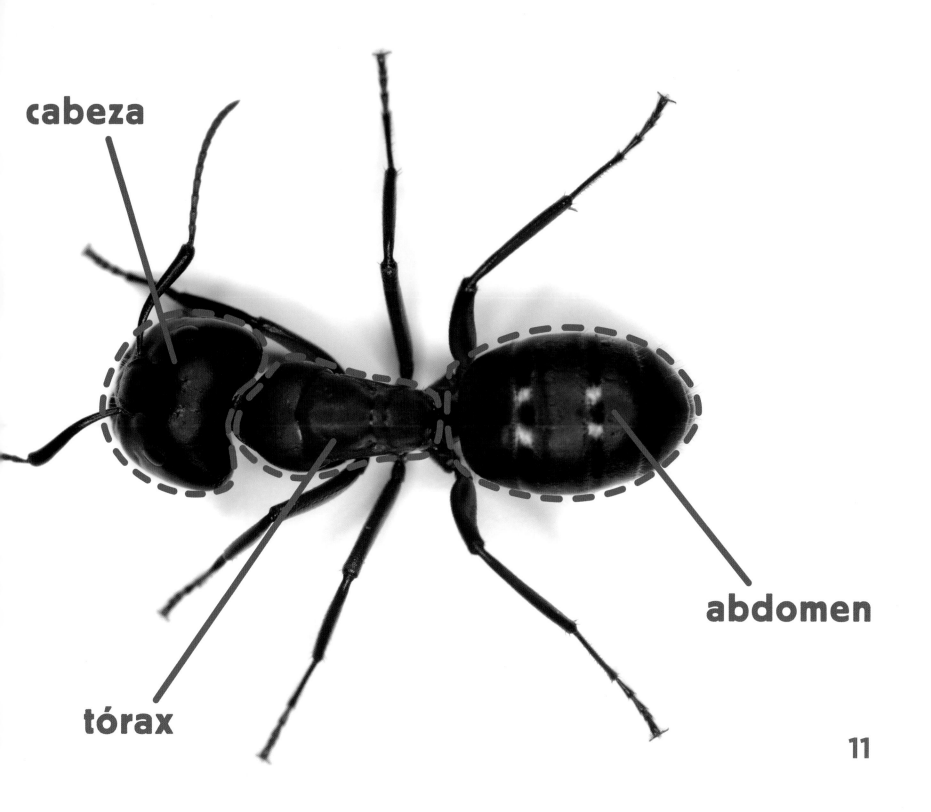

cabeza

tórax

abdomen

11

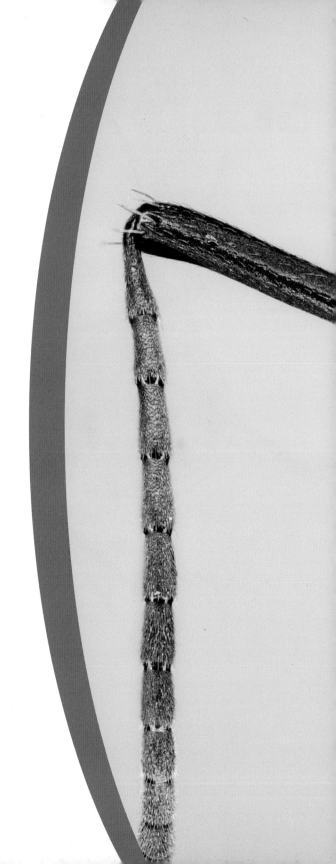

La cabeza de las hormigas
tiene dos ojos, una boca y
dos **antenas**.

12

13

Las hormigas tienen seis patas.

Algunas hormigas tienen alas.

15

Colonias de hormigas

Las hormigas viven juntas en un grupo llamado colonia. Cada hormiga tiene un trabajo importante en la colonia.

16

Hay tres tipos principales de hormigas en las colonias. La hormiga reina, las obreras y los machos.

La hormiga reina

los machos

las obreras

19

Las hormigas ayudan al planeta Tierra

Las hormigas, al comer otros insectos, protegen a las plantas. Sus casas subterráneas mantienen la tierra sana.

20

Más datos

- La reina puede vivir muchos años. Durante ese tiempo pone millones de huevos.

- Las hormigas usan señales químicas para comunicarse.

- Si pesaras todas las hormigas del mundo, pesarían más que todos los humanos juntos.

- Las hormigas son muy fuertes. ¡Pueden levantar hasta 20 veces su peso!